图书角快乐阅读·漂流书系

我身边的安全知识

我的安全观

注音版

策 划:芦军 袁野

编 著:刘湟 杜宇

安徽美术出版社

全国百佳图书出版单位

图书在版编目（CIP）数据

我身边的安全知识. 我的安全观/刘湟，杜宇编著.
—合肥:安徽美术出版社，2016.6（2019.3重印）
（图书角快乐阅读、漂流书系：注音版）
ISBN 978-7-5398-6759-5

Ⅰ.①我…　Ⅱ.①刘…　②杜…　Ⅲ.①儿童文学—图画故事—中国—当代
Ⅳ.①I287.8

中国版本图书馆CIP数据核字（2016）第094900号

图书角快乐阅读、漂流书系：我身边的安全知识

我的安全观（注音版）

Wo de Anquanguan

编著：刘湟　杜宇

出版人：唐元明　　　　　　　　　　策　划：芦军　袁野
责任编辑：史春霖　张婷婷　　　　　责任校对：方　芳
助理编辑：刘　欢　　　　　　　　　责任印制：缪振光
版式设计：钟灵工作室　　　　　　　封面设计：北京鑫骏图文设计有限公司
出版发行：安徽美术出版社（http://www.ahmscbs.com/）
地　　址：合肥市政务文化新区翡翠路1118号出版传
　　　　　媒广场14层　邮编：230071
营销部：0551-63533604（省内）　0551-63533607（省外）
印　　刷：北京一鑫印务有限责任公司
开　　本：889 mm×1194 mm　1／16　印张：6.5
版　　次：2016年6月第1版　2019年3月第2次印刷
书　　号：ISBN 978-7-5398-6759-5
定　　价：22.50元

如发现印装质量问题，请与我社营销部联系调换。

孩子的自我保护意识要从小抓起

亲爱的家长朋友：

你们好！

作为家长，如何教育孩子，一直以来都是我们重点关注的问题。除了孩子的上学教育问题，教会孩子如何应对各种安全事故，也是我们的"重中之重"。

生活中，我们时常听到很多叮嘱、提醒甚至大声而激烈的斥责。与其这么大动干戈、言辞激烈，不如静下心来，从生活中的每个小细节着手，更加系统地引导孩子。"授之以鱼，不如授之以渔"，我想我们做家长的也都能明白这个道理。

这套书，内容新颖，切入角度细腻。其独到之处，就在于它结合日常生活实际，模拟现实生活情境，生发问题，并引导孩子思考，如何获得保护自我的方法。其包含的内容全面有序，如家庭、社会、交通、游戏等，几乎涵盖了生活中所有可能遇到的突发状况，全书还对这些突发状况进行了全面而详细的分析。这不仅对孩子来说是一种深入、全面的学习，对于我们这些成年人，也是一种知识拓展。在阅读这套书的过程中，家长能深刻体会到其中的乐趣，也能更加容易捕捉到孩子的心理。

作为学前教育工作者，我们深知自己肩上的责任之大。所以很多时候，我们告诉那些"望子成龙，望女成凤"的家长：教育孩子，这是一门学问，一门需要耐得住性子和循序渐进的学问，切忌"一步到位"。在此，我们真诚地希望，我们的老师和家长们都能带着孩子，读读这套书，为我们祖国的下一代创造一个更加安全的生活环境。因为，孩子是祖国的未来，让每个孩子都快乐、健康地成长，是我们共同的心愿和企盼。

<ruby>正<rt>zhèng</rt></ruby><ruby>确<rt>què</rt></ruby><ruby>面<rt>miàn</rt></ruby><ruby>对<rt>duì</rt></ruby><ruby>生<rt>shēng</rt></ruby><ruby>活<rt>huó</rt></ruby><ruby>中<rt>zhōng</rt></ruby><ruby>的<rt>de</rt></ruby><ruby>那<rt>nà</rt></ruby><ruby>些<rt>xiē</rt></ruby>

<ruby>安<rt>ān</rt></ruby><ruby>全<rt>quán</rt></ruby><ruby>事<rt>shì</rt></ruby><ruby>故<rt>gù</rt></ruby><ruby>及<rt>jí</rt></ruby><ruby>隐<rt>yǐn</rt></ruby><ruby>患<rt>huàn</rt></ruby>

<ruby>有<rt>yǒu</rt></ruby><ruby>什<rt>shén</rt></ruby><ruby>么<rt>me</rt></ruby><ruby>办<rt>bàn</rt></ruby><ruby>法<rt>fǎ</rt></ruby><ruby>可<rt>kě</rt></ruby><ruby>以<rt>yǐ</rt></ruby><ruby>让<rt>ràng</rt></ruby><ruby>我<rt>wǒ</rt></ruby><ruby>们<rt>men</rt></ruby><ruby>的<rt>de</rt></ruby><ruby>孩<rt>hái</rt></ruby><ruby>子<rt>zi</rt></ruby><ruby>免<rt>miǎn</rt></ruby><ruby>受<rt>shòu</rt></ruby><ruby>伤<rt>shāng</rt></ruby><ruby>害<rt>hài</rt></ruby>，<ruby>茁<rt>zhuó</rt></ruby><ruby>壮<rt>zhuàng</rt></ruby><ruby>成<rt>chéng</rt></ruby><ruby>长<rt>zhǎng</rt></ruby><ruby>呢<rt>ne</rt></ruby>？

<ruby>我<rt>wǒ</rt></ruby><ruby>们<rt>men</rt></ruby><ruby>相<rt>xiāng</rt></ruby><ruby>信<rt>xìn</rt></ruby>，<ruby>这<rt>zhè</rt></ruby><ruby>是<rt>shì</rt></ruby><ruby>所<rt>suǒ</rt></ruby><ruby>有<rt>yǒu</rt></ruby><ruby>父<rt>fù</rt></ruby><ruby>母<rt>mǔ</rt></ruby><ruby>都<rt>dōu</rt></ruby><ruby>想<rt>xiǎng</rt></ruby><ruby>知<rt>zhī</rt></ruby><ruby>道<rt>dào</rt></ruby><ruby>的<rt>de</rt></ruby><ruby>问<rt>wèn</rt></ruby><ruby>题<rt>tí</rt></ruby>。

<ruby>可<rt>kě</rt></ruby><ruby>是<rt>shì</rt></ruby>，<ruby>现<rt>xiàn</rt></ruby><ruby>实<rt>shí</rt></ruby><ruby>世<rt>shì</rt></ruby><ruby>界<rt>jiè</rt></ruby><ruby>纷<rt>fēn</rt></ruby><ruby>纷<rt>fēn</rt></ruby><ruby>扰<rt>rǎo</rt></ruby><ruby>扰<rt>rǎo</rt></ruby>，<ruby>生<rt>shēng</rt></ruby><ruby>活<rt>huó</rt></ruby><ruby>在<rt>zài</rt></ruby><ruby>其<rt>qí</rt></ruby><ruby>中<rt>zhōng</rt></ruby>，<ruby>各<rt>gè</rt></ruby><ruby>种<rt>zhǒng</rt></ruby><ruby>事<rt>shì</rt></ruby><ruby>故<rt>gù</rt></ruby><ruby>随<rt>suí</rt></ruby><ruby>时<rt>shí</rt></ruby><ruby>都<rt>dōu</rt></ruby><ruby>有<rt>yǒu</rt></ruby><ruby>可<rt>kě</rt></ruby><ruby>能<rt>néng</rt></ruby><ruby>发<rt>fā</rt></ruby><ruby>生<rt>shēng</rt></ruby>。<ruby>因<rt>yīn</rt></ruby><ruby>为<rt>wéi</rt></ruby>，<ruby>这<rt>zhè</rt></ruby><ruby>个<rt>gè</rt></ruby><ruby>世<rt>shì</rt></ruby><ruby>界<rt>jiè</rt></ruby><ruby>本<rt>běn</rt></ruby><ruby>是<rt>shì</rt></ruby><ruby>一<rt>yí</rt></ruby><ruby>个<rt>gè</rt></ruby><ruby>隐<rt>yǐn</rt></ruby><ruby>藏<rt>cáng</rt></ruby><ruby>着<rt>zhe</rt></ruby><ruby>众<rt>zhòng</rt></ruby><ruby>多<rt>duō</rt></ruby><ruby>隐<rt>yǐn</rt></ruby><ruby>患<rt>huàn</rt></ruby><ruby>的<rt>de</rt></ruby>"<ruby>大<rt>dà</rt></ruby><ruby>杂<rt>zá</rt></ruby><ruby>炉<rt>lú</rt></ruby>"。

<ruby>在<rt>zài</rt></ruby><ruby>电<rt>diàn</rt></ruby><ruby>梯<rt>tī</rt></ruby><ruby>里<rt>li</rt></ruby>、<ruby>幼<rt>yòu</rt></ruby><ruby>儿<rt>ér</rt></ruby><ruby>园<rt>yuán</rt></ruby><ruby>里<rt>li</rt></ruby>、<ruby>生<rt>shēng</rt></ruby><ruby>日<rt>rì</rt></ruby><ruby>宴<rt>yàn</rt></ruby><ruby>会<rt>huì</rt></ruby><ruby>上<rt>shang</rt></ruby>、<ruby>超<rt>chāo</rt></ruby><ruby>市<rt>shì</rt></ruby><ruby>里<rt>li</rt></ruby>……<ruby>我<rt>wǒ</rt></ruby><ruby>们<rt>men</rt></ruby><ruby>的<rt>de</rt></ruby><ruby>孩<rt>hái</rt></ruby><ruby>子<rt>zi</rt></ruby><ruby>随<rt>suí</rt></ruby><ruby>时<rt>shí</rt></ruby><ruby>可<rt>kě</rt></ruby><ruby>能<rt>néng</rt></ruby><ruby>遇<rt>yù</rt></ruby><ruby>到<rt>dào</rt></ruby><ruby>危<rt>wēi</rt></ruby><ruby>险<rt>xiǎn</rt></ruby>，<ruby>而<rt>ér</rt></ruby><ruby>我<rt>wǒ</rt></ruby><ruby>们<rt>men</rt></ruby><ruby>却<rt>què</rt></ruby><ruby>不<rt>bù</rt></ruby><ruby>能<rt>néng</rt></ruby><ruby>随<rt>suí</rt></ruby><ruby>时<rt>shí</rt></ruby><ruby>随<rt>suí</rt></ruby><ruby>地<rt>dì</rt></ruby><ruby>都<rt>dōu</rt></ruby><ruby>陪<rt>péi</rt></ruby><ruby>在<rt>zài</rt></ruby><ruby>孩<rt>hái</rt></ruby><ruby>子<rt>zi</rt></ruby><ruby>身<rt>shēn</rt></ruby><ruby>边<rt>biān</rt></ruby>。<ruby>就<rt>jiù</rt></ruby><ruby>算<rt>suàn</rt></ruby><ruby>我<rt>wǒ</rt></ruby><ruby>们<rt>men</rt></ruby><ruby>时<rt>shí</rt></ruby><ruby>刻<rt>kè</rt></ruby><ruby>与<rt>yǔ</rt></ruby><ruby>孩<rt>hái</rt></ruby><ruby>子<rt>zi</rt></ruby><ruby>如<rt>rú</rt></ruby><ruby>影<rt>yǐng</rt></ruby><ruby>相<rt>xiāng</rt></ruby><ruby>随<rt>suí</rt></ruby>，<ruby>但<rt>dàn</rt></ruby><ruby>是<rt>shì</rt></ruby><ruby>我<rt>wǒ</rt></ruby><ruby>们<rt>men</rt></ruby><ruby>也<rt>yě</rt></ruby><ruby>无<rt>wú</rt></ruby><ruby>法<rt>fǎ</rt></ruby><ruby>确<rt>què</rt></ruby><ruby>保<rt>bǎo</rt></ruby><ruby>他<rt>tā</rt></ruby><ruby>们<rt>men</rt></ruby><ruby>不<rt>bú</rt></ruby><ruby>会<rt>huì</rt></ruby><ruby>因<rt>yīn</rt></ruby><ruby>为<rt>wèi</rt></ruby><ruby>疏<rt>shū</rt></ruby><ruby>忽<rt>hū</rt></ruby><ruby>而<rt>ér</rt></ruby><ruby>发<rt>fā</rt></ruby><ruby>生<rt>shēng</rt></ruby><ruby>意<rt>yì</rt></ruby><ruby>外<rt>wài</rt></ruby>。<ruby>即<rt>jí</rt></ruby><ruby>使<rt>shǐ</rt></ruby><ruby>不<rt>bù</rt></ruby><ruby>疏<rt>shū</rt></ruby><ruby>忽<rt>hū</rt></ruby>，<ruby>遇<rt>yù</rt></ruby><ruby>到<rt>dào</rt></ruby><ruby>地<rt>dì</rt></ruby><ruby>震<rt>zhèn</rt></ruby>、<ruby>洪<rt>hóng</rt></ruby><ruby>水<rt>shuǐ</rt></ruby><ruby>这<rt>zhè</rt></ruby><ruby>样<rt>yàng</rt></ruby><ruby>的<rt>de</rt></ruby><ruby>天<rt>tiān</rt></ruby><ruby>灾<rt>zāi</rt></ruby>，<ruby>照<rt>zhào</rt></ruby><ruby>看<rt>kān</rt></ruby><ruby>孩<rt>hái</rt></ruby><ruby>子<rt>zi</rt></ruby><ruby>也<rt>yě</rt></ruby><ruby>有<rt>yǒu</rt></ruby><ruby>一<rt>yí</rt></ruby><ruby>定<rt>dìng</rt></ruby><ruby>的<rt>de</rt></ruby><ruby>难<rt>nán</rt></ruby><ruby>度<rt>dù</rt></ruby>。

这本书算是一本指南，教育并引导孩子在遇到危险时如何自保、自救。父母在与孩子一起阅读时，也定会有所收获。

有些时候，事故的发生是有先兆的。如果孩子有一定的相关知识，便可以在事故发生的时候，将伤害降至最低。这样的知识，不仅要记在脑海里，而且要成为身体的一种自然反应。无论何时何地发生状况，都会即刻做出正确的反应。

这本书还设计了"和爸爸妈妈一起练习"的环节，通过父母与孩子模拟事故状况，帮助孩子体验故事中的情景，并学会应对的方法。

希望我们共同创建一个美好的未来世界，给每一个孩子一个健康快乐的童年。

目录

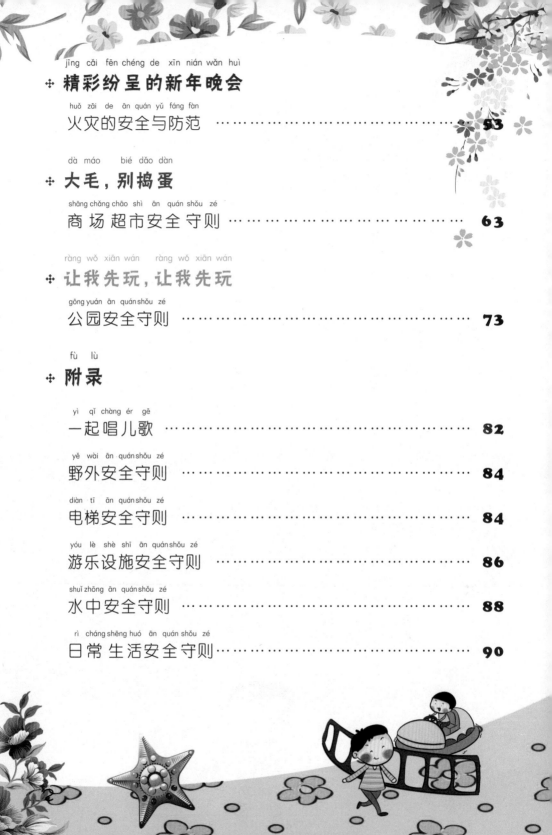

一年有365天，每天有24小时，问题是，父母不可能时刻陪在孩子身边，于是，孩子的安全问题成了父母时刻挂牵的"核心内容"。在这本书中，我们通过模拟重现孩子生活中可能发生的危险，教会孩子如何去面对并克服这种危险，让孩子远离意外和灾难，让每一天都充满朝气与灵性。

shā sha shì xìng fú tiān shǐ yòu ér yuán xiǎo tài yáng bān de xué shēng

莎莎是幸福天使幼儿园小太阳班的学生。

cǐ shí xiǎo tài yáng bān zhèng zài shàng huì huà kè yóu yú zuó wǎn méi shuì

此时，小太阳班正在上绘画课。由于昨晚没睡

hǎo shā sha de xīn si quán bú zài kè táng shang

好，莎莎的心思全不在课堂上。

tā zhēn xiǎng chōu kòng pā zhuō zi shang tōu shuì yí huì er

她真想抽空趴桌子上偷睡一会儿。

tóng zhuō xiǎo jiā huà le yì zhū xiàng rì kuí hěn bī zhēn hěn piào liang

同桌小佳画了一株向日葵，很逼真，很漂亮。

qián pái de zhēn zhen huà le yí zhuàng xiě zì dà lóu xióng wěi gāo dà yě hěn

前排的珍珍画了一幢写字大楼，雄伟高大，也很

piào liang

漂亮。

ér zhǐ yǒu shā sha huà bǎn shang shén me yě méi yǒu

而只有莎莎，画板上什么也没有。

xiǎo jiā xiān tíng yí xià kuài bǎ tóu lái kàn kàn wǒ
"小佳，你停一下，快把头扭向我！" 莎莎故意

bǎ shǒu li de qiān bǐ jǔ zài kōng zhōng bìng bǎ qiān bǐ jiān kào jìn tóng zhuō xiǎo
把手里的铅笔举在空中，并把铅笔尖靠近同桌小

jiā shuō
佳说。

tīng dào shā sha de hū huàn xiǎo jiā zhuǎn guò tóu qù kàn tā kě shì liǎn jiá
听到莎莎的呼唤，小佳转过头去看她，可是脸颊

què gāng hǎo pèng dào shā sha shǒu zhōng de qiān bǐ jiān
却刚好碰到莎莎手中的铅笔尖。

shā sha shǒu zhōng de qiān bǐ jiān zhā dào xiǎo jiā de liǎn hěn téng xiǎo jiā dùn
莎莎手中的铅笔尖扎到小佳的脸，很疼，小佳顿

shí jiù kū le qǐ lái
时就哭了起来。

ér kàn dào xiǎo jiā kū shā sha bù jǐn méi yǒu sī háo hòu huǐ zhī yì fǎn
而看到小佳哭，莎莎不仅没有丝毫后悔之意，反

ér hái wèi zì jǐ de xíng wéi pāi shǒu jiào hǎo xiào le qǐ lái
而还为自己的行为拍手叫好，笑了起来。

zhēn shi tài hǎo wán le zhēn shi tài hǎo wán le shā sha xìng gāo
"真是太好玩了，真是太好玩了！" 莎莎兴高

cǎi liè
采烈。

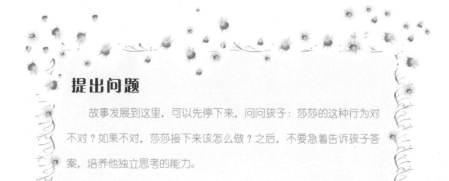

提出问题

故事发展到这里，可以先停下来，问问孩子：莎莎的这种行为对
不对？如果不对，莎莎接下来该怎么做？之后，不要急着告诉孩子答
案，培养他独立思考的能力。

huì huà lǎo shī zhèng zài jiǎng tái shàng jiǎng kè, "pēng" de yì shēng,
绘画老师正在讲台上讲课，"砰——"的一声，

dà máo de yǐ zi dǎo le   tū rán tīng dào shēn hòu chuán lái yì shēng jù xiǎng
大毛的椅子倒了，突然听到身后传来一声巨响。

"lǎo shī   shā sha lā wǒ de yǐ zi   dà máo zuò zài dì shàng   yì liǎn de
"老师，莎莎拉我的椅子！"大毛坐在地上，一脸的

wěi qu
委屈。

"shā sha   nǐ wèi shén me yào lā dà máo de yǐ zi   lǎo shī yǒu xiē
"莎莎，你为什么要拉大毛的椅子？"老师有些

shēng qì
生气。

"jiù shì jué de   shàng kè méi yì si   zhè yàng hěn   hǎo wán   shā
"就是觉得……上课没意思，这样很……好玩！"莎

sha shuō
莎说。

"zhè shì hěn wēi xiǎn de   nǐ zhī dào ma   hěn yǒu kě néng ràng dà máo shòu
"这是很危险的，你知道吗？很有可能让大毛受

shāng   wàn yī dà máo de tóu zhuàng dào zhuō zi jiǎo huò zhě dì bǎn shang   nà gāi zěn me
伤。万一大毛的头撞到桌子角或者地板上，那该怎么

bàn ne
办呢？"

shā sha dī xià le tóu   xiàng dà jiā rèn cuò
莎莎低下了头，向大家认错。

讨论故事，获取知识，实际演示

- 把布娃娃放在椅子上，然后猛地把椅子拉倒，让孩子亲眼看看布娃娃从椅子上摔下来的样子，并告诉孩子，这样做会很危险，会使人受伤，千万不要跟人开这样的玩笑。

- 告诉孩子，开关门一定要轻，不要打扰到别的小朋友学习或者休息。要不然，别的小朋友就再也不会跟他玩。

- 告诉孩子，不要随便乱玩刀子、剪刀这些危险且容易伤到人的物品，否则对自己和他人都不好。

<ruby>铅<rt>qiān</rt></ruby><ruby>笔<rt>bǐ</rt></ruby><ruby>笔<rt>bǐ</rt></ruby><ruby>芯<rt>xīn</rt></ruby><ruby>有<rt>yǒu</rt></ruby><ruby>毒<rt>dú</rt></ruby>

<ruby>铅<rt>qiān</rt></ruby><ruby>笔<rt>bǐ</rt></ruby><ruby>的<rt>de</rt></ruby><ruby>笔<rt>bǐ</rt></ruby><ruby>芯<rt>xīn</rt></ruby><ruby>是<rt>shì</rt></ruby><ruby>用<rt>yòng</rt></ruby><ruby>铅<rt>qiān</rt></ruby><ruby>做<rt>zuò</rt></ruby><ruby>成<rt>chéng</rt></ruby><ruby>的<rt>de</rt></ruby>，<ruby>铅<rt>qiān</rt></ruby><ruby>是<rt>shì</rt></ruby><ruby>一<rt>yì</rt></ruby><ruby>种<rt>zhǒng</rt></ruby><ruby>具<rt>jù</rt></ruby><ruby>有<rt>yǒu</rt></ruby><ruby>毒<rt>dú</rt></ruby><ruby>性<rt>xìng</rt></ruby><ruby>的<rt>de</rt></ruby><ruby>化<rt>huà</rt></ruby><ruby>学<rt>xué</rt></ruby><ruby>物<rt>wù</rt></ruby><ruby>质<rt>zhì</rt></ruby>。<ruby>平<rt>píng</rt></ruby><ruby>时<rt>shí</rt></ruby><ruby>在<rt>zài</rt></ruby><ruby>生<rt>shēng</rt></ruby><ruby>活<rt>huó</rt></ruby>、<ruby>学<rt>xué</rt></ruby><ruby>习<rt>xí</rt></ruby><ruby>过<rt>guò</rt></ruby><ruby>程<rt>chéng</rt></ruby><ruby>中<rt>zhōng</rt></ruby>，<ruby>一<rt>yí</rt></ruby><ruby>定<rt>dìng</rt></ruby><ruby>不<rt>bú</rt></ruby><ruby>要<rt>yào</rt></ruby><ruby>把<rt>bǎ</rt></ruby><ruby>铅<rt>qiān</rt></ruby><ruby>笔<rt>bǐ</rt></ruby><ruby>放<rt>fàng</rt></ruby><ruby>到<rt>dào</rt></ruby><ruby>嘴<rt>zuǐ</rt></ruby><ruby>里<rt>li</rt></ruby>，<ruby>更<rt>gèng</rt></ruby><ruby>不<rt>bù</rt></ruby><ruby>能<rt>néng</rt></ruby><ruby>拿<rt>ná</rt></ruby><ruby>笔<rt>bǐ</rt></ruby><ruby>尖<rt>jiān</rt></ruby><ruby>去<rt>qù</rt></ruby><ruby>扎<rt>zhā</rt></ruby><ruby>别<rt>bié</rt></ruby><ruby>的<rt>de</rt></ruby><ruby>同<rt>tóng</rt></ruby><ruby>学<rt>xué</rt></ruby><ruby>的<rt>de</rt></ruby><ruby>脸<rt>liǎn</rt></ruby><ruby>或<rt>huò</rt></ruby><ruby>头<rt>tóu</rt></ruby>。

楼梯内请保持安静
lóu tī nèi qǐng bǎo chí ān jìng

楼梯属于公共空间，在楼梯内打闹，不安全，很有可能会摔倒，或者撞到其他行人。而打闹所发出的声音，也有可能打扰到其他人。

过马路时要听从老师的指挥

记住，过马路时一定要听从老师的指挥，不能脱离班级队伍。马路上汽车、行人很多，所以要时刻注意红绿灯，并看好前方的路。

而且，禁止在马路上打闹。

11

雨天很危险
阴雨天安全守则

窗外的雨已经连续下了好几天。

阿贵一个人躲在屋里，闷闷不乐。

因为他不能跟同桌去后山抓蚂蚱了。

甚至，因为这雨水，他连幼儿园都不能去了。

雨下得太久太大，去学校的道路都被雨水冲垮了。

阿贵真的不知道现在能做什么，在家待着太没意思了。

zhōng wǔ chī guo wǔ fàn bà ba zài kàn shū māma qù xǐ wǎn le ā
中午吃过午饭，爸爸在看书，妈妈去洗碗了。阿

guì yòu bù zhī gāi gàn xiē shén me le
贵又不知该干些什么了。

tū rán shān qiū nà biān de huái shù fāng xiàng huá guò yí dào shǎn diàn
突然，山丘那边的火槐树方向划过一道闪电。

nán dào yǒu wài xīng rén chéng zhe shǎn diàn lái dào dì qiú ā guì xīn xiǎng
"难道有外星人乘着闪电来到地球？"阿贵心想。

yí dìng shì wài xīng rén zài nà kē dà huái shù xià zhuó lù le wǒ děi qù
"一定是外星人在那棵大槐树下着陆了，我得去

kàn kan kě shì yóu yú yǔ xià de tài dà ā guì xīn lǐ duō shao hái shi yǒu
看看！"可是由于雨下得太大，阿贵心里多少还是有

xiē yóu yù
些犹豫。

提出问题

读到这里，先不要继续讲故事，可以先停下来，问问孩子：外面
下大雨的时候该不该出门？为什么？孩子回答后，第一时间先不要说
出答案，而是继续讲故事，培养他独立思考的能力。

bà ba　mā ma　wǒ chū mén wán qù le

“爸爸，妈妈，我出门玩去了！”

hái méi děng bà ba mā ma dā ying　ā guì yǐ jīng cháo mén wài pǎo le chū qù

还没等爸爸妈妈答应，阿贵已经朝门外跑了出去。

yǔ xià de zhēn dà a　ā guì biān pǎo biān xiǎng

“雨下得真大啊！”阿贵边跑边想。

zǒu guò qiáo tóu　yǔ shuǐ shàng zhǎng　dōu kuài bǎ qiáo miàn yān mò le

走过桥头，雨水上涨，都快把桥面淹没了。

hōng lóng lóng

“轰隆隆——”

tū rán　yí dào shǎn diàn huá guò　luò dào bù yuǎn chù de shù shāo　bǎ shù zhī dōu gěi dǎ duàn le yí dà jié

突然，一道闪电划过，落到不远处的树梢，把树枝都给打断了一大截。

à　bà ba　mā ma

“啊，爸爸，妈妈——”

ā guì xià de miàn sè cāng bái　tóu yě bù huí de táo huí le jiā

阿贵吓得面色苍白，头也不回地逃回了家。

讨论故事，获取知识，实际演示

和孩子一起练习，阴雨天气打雷的时候应该注意哪些事项。

——拔掉电话和电器电源。

——与电灯和电器保持至少一米的距离。远离窗户和门口，并告诉孩子家中的哪些地方是安全的。

——关好门窗。

——妈妈模仿打雷的声音，引导孩子打雷开始后三十秒转移到安全场所。

——怎么做好一些阴雨天气的防护措施，如不要站在大树下面或者路灯下面，不要在大雨中独自行走。

下雨天不要在积水中 行走
xià yǔ tiān bú yào zài jī shuǐ zhōng xíng zǒu

　　下雨的时候，地上会出现积水，千万牢记，走
路时要尽量避开这些积水。因为积水下面往往隐藏
着一些不为人知的危险和隐患，如大石坑、下水道
等，稍不留神就会陷进去，十分危险。

阴雨天不宜外出
yīn yǔ tiān bù yí wài chū

阴雨天，小孩子最好待在屋里，不要独自外出，以免发生不测。而如果一定要出去，切记一定要穿戴好雨具，并告诉父母自己的行踪。

而且，外出途中，不要走被雨水淹没的路，更不要躲在大树下面。

电线杆很危险

阴雨天气，电线杆是很危险的，因为雨水是导体，它很有可能带电，所以最好不要触摸，以防触电。为保险起见，最好都不要靠近电线杆以及其他带电物体。而且，禁止在马路上打闹。

我要去郊游
wǔ yào qù jiāo yóu

野外安全守则
yě wài ān quán shǒu zé

"爸爸，爸爸，快迟到了！"

今天学校组织郊游，所以小佳一大早就起床了，

然后检查自己背包里的东西是否齐全。

背包里装着苹果、橘子、酸奶、泡泡糖和巧克

力，还有小佳最喜欢喝的冰红茶。

一切准备完毕！

"走了，我要出发了！"出门的时候，小佳对着

天空中的燕子和蝴蝶欢呼。

23

hěn kuài　　zhōng wǔ dào lái
很快，中午到来。

xiǎo jiā hé xiǎo huǒ bàn men zhǎo dào yí chù yīn liáng de dì fang　　pū shàng yě cān
小佳和小伙伴们找到一处阴凉的地方，铺上野餐

bù　　ná chū tí qián zhǔn bèi hǎo de biàndang jí líng shí　　kāi shǐ chī wǔ cān
布，拿出提前准备好的便当及零食，开始吃午餐。

zhè shí　　bu zhī cóng nǎ lǐ tū rán fēi lái yì zhī mì fēng　　wēng wēng
这时，不知从哪里突然飞来一只蜜蜂，"嗡嗡

wēng　　de rào zhe tā men fēi lái fēi qù　　jiù shì bù lí kāi
嗡"地绕着他们飞来飞去，就是不离开。

xiǎo péng yǒu men dōu hài pà de nuó le nuó shēn zi　　cóng ér bì kāi mì fēng
小朋友们都害怕地挪了挪身子，从而避开蜜蜂。

kě shì xiǎo jiā què yì diǎn yě bú hài pà　　bú dàn bù duǒ kāi　　fǎn ér shēn
可是小佳却一点也不害怕，不但不躲开，反而伸

shǒuxiǎng qù zhuā mì fēng
手想去抓蜜蜂。

提出问题

　　读到这里，可以先停下来，问问孩子：在外面野餐的时候，若是有昆虫过来骚扰，该怎么办？孩子回答完后，先不要急着告诉孩子答案，而是继续讲故事，让孩子自己思考。

mì fēng méi yǒu táo pǎo　　　　ér shì rào zhe xiǎo jiā fēi lái fēi qù
蜜蜂没有逃跑，而是绕着小佳飞来飞去。

jiù zài xiǎo jiā dǎ kāi bīng hóng chá　　zhǔn bèi yǎng tóu hē yǐn liào shí　　mì fēng
就在小佳打开冰红茶，准备仰头喝饮料时，蜜蜂

tū rán cháo zhe tā de shǒu bì fēi le guò lái
突然朝着她的手臂飞了过来。

jiù zài zhè ge shí hou　　lǎo shī jí shí gǎn le guò lái　　ná zǒu le xiǎo jiā
就在这个时候，老师及时赶了过来，拿走了小佳

shǒu zhōng de bīng hóng chá yǐn liào píng　　bǎ tā dài dào bié de dì fang　　xiǎo jiā cái méi
手中的冰红茶饮料瓶，把她带到别的地方，小佳才没

yǒu bèi mì fēng zhē dào
有被蜜蜂蜇到。

xiǎo jiā dī tóu gěi tóng xué hé lǎo shī rèn cuò　　dà jiā yě dōu wèi xiǎo jiā zhī
小佳低头给同学和老师认错，大家也都为小佳知

cuò jiù gǎi de jīng shen gǔ qǐ le zhǎng
错就改的精神鼓起了掌。

zài yí piàn yú yuè shēng zhōng　　dà jiā jié shù le cǐ cì jiāo yóu
在一片愉悦声中，大家结束了此次郊游。

讨论故事，获取知识，实际演示

👑 爸爸找个蜜蜂模型，用手握着，然后让蜜蜂模型在孩子身边飞来飞去，就假装是真蜜蜂在飞。并告诉孩子，这个时候不要惊慌，更不要胡乱挥舞手臂去打，而是一点一点挪动身子，挪到安全的地方去。

👑 此时若是身边有甜的食物或者饮料，不要把它们拿在手上，因为很多时候蜜蜂就是冲着这些食物和饮料而来的。

要及时给伤口消毒

身体有伤口不怕。最怕的是，伤口不及时包扎，然后感染。

如果忽视身上的小伤口，很有可能会导致破伤风。破伤风是十分危险、严重的，会危及生命。

野生昆虫很危险
yě shēng kūn chóng hěn wēi xiǎn

很多昆虫都是有毒性的，如蜈蚣、蟑螂、飞蛾
hěn duō kūn chóng dōu shì yǒu dú xìng de　rú wú gōng　zhāng láng　fēi é

和蜜蜂等，所以在野外看到，不要随意捕抓。
hé mì fēng děng　suǒ yǐ zài yě wài kàn dào　bú yào suí yì bǔ zhuā

此外，到野外游玩，最好不要把自己的身体露
cǐ wài　dào yě wài yóu wán　zuì hǎo bú yào bǎ zì jǐ de shēn tǐ lù

出来，以免被昆虫叮咬。最好穿长袖。
chū lái　yǐ miǎn bèi kūn chóng dīng yǎo　zuì hǎo chuān cháng xiù

尽可能不要在野外吃甜食

昆虫喜欢带有甜味的东西，所以不要在野外吃甜点、喝带有甜味的饮料。即使郊游过程中，身边带了甜食，也要小心食用，以免招来昆虫。

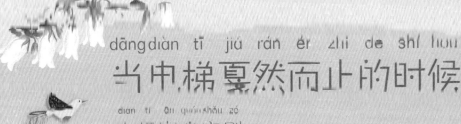

"有人在吗？外面有人在吗？爸爸，妈妈，我好怕！"

电梯突然停了下来。沙沙用力敲打着电梯的门，大声呼喊。可是无论怎么用力，电梯门就是不开。

此时，"啪"的一声，电梯里的灯又灭了。电梯里只剩下黑暗。

与此同时，脚下又突然传来"哐当哐当"的声音，电梯又开始往下坠落。

"不要，我要爸爸妈妈！"

"莎莎，起床了，再不起来上学就要迟到了！"

小莎莎疲惫地睁开眼，原来刚才做了一个噩梦。

吃完饭，莎莎背着小书包，抢在妈妈前面跑进了电梯。

电梯的门缓缓关闭，可是妈妈却还没有进来。

让她没有想到的是，电梯门关闭后，就开始缓缓往下降。

提出问题

读到这里，你不妨问问孩子：大人若是不在的时候，可不可以自己跑进电梯里？而如果进去了，想让正在关闭的电梯门打开，该怎么做？

shā shā tū rán hěn hài pà zhè gè chǎng jǐng zěn me gēn zuó wǎn zài mèng lǐ jiàn
莎莎突然很害怕，这个场景怎么跟昨晚在梦里见

dào de yì yàng a
到的一样啊！

wū
"哇——"莎莎大哭了起来。

jiù zài zhè shí diàn tī kuāng de yì shēng tíng zhù le
就在这时，电梯"哐"的一声停住了。

sha sha xiǎng dǎ kāi diàn tī mén kě shì kàn zhe diàn tī mén páng biān de nà me
莎莎想打开电梯门，可是看着电梯门旁边的那么

duō àn niǔ què bù zhī àn nǎ yí gè
多按钮，却不知按哪一个。

shā sha yí gè yí gè de shì kě shì àn le hǎo jǐ gè dōu bù guǎn yòng
莎莎一个一个地试，可是按了好几个，都不管用。

tū rán shā sha kàn dào zuì shàng miàn yǒu yí gè yán sè bù yí yàng de
突然，莎莎看到最上面有一个颜色不一样的

àn niǔ
按钮。

huái zhe hào qí shā sha cháo zhe nà ge àn niǔ yòng lì àn le xià qù
怀着好奇，莎莎朝着那个按钮用力按了下去。

讨论故事，获取知识，实际演示

- 爸爸妈妈要经常带着孩子去电梯里，告诉他们每个按钮代表什么意思，最主要的是，告诉他们开门和关门的按钮分别在什么位置，并引导他们亲自动手按一下。
- 每栋楼的电梯都是不一样的，而每个电梯的开关门按钮所在的位置也是不一样的。所以，我们可以先告诉孩子，常用的那几个按钮在什么位置，以及它们上面的标志是什么样的。
- 在日常生活中，教会孩子怎么独立乘坐电梯，并让孩子熟记回家的"路线"，如该到哪座楼，坐哪部电梯，到哪一层下。比如，我们现在的位置是在74号楼，应该坐电梯到15层停。

37

bú yào yǐ kào diàn tī mén

不要倚靠电梯门

diàn tī mén suī rán bèn zhòng　　dàn qí shí bìng bú shì tè bié láo gù　　yǐ kào

电梯门虽然笨重，但其实并不是特别牢固，倚靠

diàn tī mén　　hěn yǒu kě néng dǎo zhì zhuì tī　　fā shēng bú bì yào de wēi xiǎn

电梯门，很有可能导致坠梯，发生不必要的危险。

shàng xià lóu tī shí qiān wàn bú yào zài fú tī shang   huá xíng

上下楼梯时，千万不要在扶梯上"滑行"

zài lóu tī fú shǒu shang huá   huá tī   shì yí jiàn hěn wēi xiǎn de shì qing

在楼梯扶手上滑"滑梯"是一件很危险的事情，

yǒu kě néng cóng shàng miàn shuāi xià lái   dǎo zhì shēn tǐ shāng hài   huò zhě zhuàng dào lù

有可能从上面摔下来，导致身体伤害，或者撞到路

miàn shang zhèng zài xíng zǒu de rén

面上正在行走的人。

乘坐扶梯时不要踩黄线

乘坐扶梯时，踩到黄线很容易夹到脚。身体不要紧贴扶手，这样衣服很容易被夹到电梯里，造成人身伤害。

尤其是夏季，如果被夹到，后果将会很严重，轻则造成流血住院，重则有生命危险。所以乘坐电梯，一定不要踩黄线。

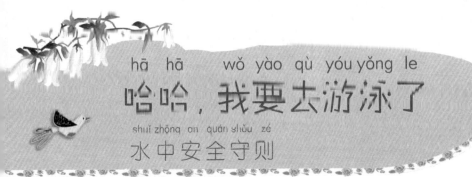

哈哈，我要去游泳了

水中安全守则

经历了漫长的几个月，终于盼来了暑假。

琪琪一家和大毛一家一起到海边度假。

温暖的阳光、波光粼粼的大海、细腻而柔软的沙滩……

琪琪和大毛开心极了。

二人迫不及待地想去海边戏水玩耍，尽情体验大自然的美好。

"啊，太开心了！"他们一起对着天空大喊。

43

44

他们迅速换上泳衣，只听"扑通"一声，琪琪就
率先跳进了海里。

由于之前有过下水游泳的经历，大毛则站在岸边
不慌不忙地做起了准备运动。

"一、二、一、二、一、二……"

琪琪看到大毛的样子，笑着说："嗨，你在那做
什么准备运动啊？快别做了，下来咱俩一起玩。"

其实，大毛有时候也觉得这些准备运动有点
麻烦。

提出问题

读到这里，你可以先停下来，问孩子：如果下水前不做准备运
动，会有什么后果？孩子回答后，可以先不告诉他答案，继续讲故
事，让他在故事和独立思考中寻求答案。

46

十分钟后，大手终于做完了准备运动，然后像个青蛙似的，"啪"的一声就扎到了水里。

这时，海里的琪琪突然尖叫起来："唉，腿……我的腿……抽筋了！妈妈！"

琪琪在水里扑腾了几下，随后就不见踪影了。

海边搜救队的叔叔听到呼救声，急忙跳下海，迅速将琪琪救了起来。

救生员这么教育琪琪："记着，下次跳水前一定要先做准备运动，知道了吗，小姑娘？"

琪琪眼睛里噙满泪水，点了点头。

♛ 下水游泳前，和孩子一起做准备运动，入水时按顺序打湿身体。记住，打湿身体过程中，不能过快过猛，因为海水很凉，很容易伤着身体。

♛ 如果在游泳过程中，发生腿脚抽筋的状况，不要着急、慌张，先让身体尽量放松起来，让身体平躺于海面上，然后看实际情况处理。

♛ 有些地方的海水看起来好像很浅，但是实际上，却很深很深，超出你的想象。而且可能会有礁石，所以不能不管三七二十一地就往海里跳，否则很危险。而且要注意，不要让孩子到水位漫过腰部的地方去玩耍。否则万一发生什么危险，不方便施救。

hǎi àn biān
海岸边

　　chū qu yóu yǒng　　jǐn liàng yào dào bà ba mā ma hé sōu jiù duì shū shu néng kàn
　　出去游泳，尽量要到爸爸妈妈和搜救队叔叔能看

jiàn de dì fang　　wàn yī fā shēng shén me yì wài　　fāng biàn tā men zài dì yī shí jiān
见的地方。万一发生什么意外，方便他们在第一时间

zhǎo dào nǐ　　cǐ wài　　yào shǐ yòng hé shēn de jiù shēng yī hé yóu yǒng quān　　zài hǎi
找到你。此外，要使用合身的救生衣和游泳圈。在海

tān shang wán shuǎ de shí hou　　bú yào chì jiǎo　　fǒu zé huì shāng dào nǐ de jiǎo dǐ
滩上玩耍的时候，不要赤脚，否则会伤到你的脚底。

yóu yǒng chí
游泳池

tōng cháng qíng kuàng xià　　　　yóu yǒng chí fù jìn de dì miàn dōu hěn huá　　suǒ yǐ

通常情况下，游泳池附近的地面都很滑，所以

bú yào zài shàng miàn tán tiào wán shuǎ　　jìn rù yóu yǒng chí de shí hou yào àn zhì xù

不要在上面弹跳玩耍。进入游泳池的时候要按秩序

rù chǎng　　zǒu lù qīng jié　　wěn dang

入场，走路轻捷、稳当。

溪水和湖水
xī shuǐ hé hú shuǐ

注意，不要在标有"危险""禁止游泳"等警
zhù yì　　　bú yào zài biāo yǒu　　wēi xiǎn　　jìn zhǐ yóu yǒng　děng jǐng

告语的地方游泳、追逐、嬉戏、玩耍。溪水和湖水
gào yǔ de dì fang yóu yǒng　zhuī zhú　xī xì　wán shuǎ　xī shuǐ hé hú shuǐ

通常都水位不稳，很容易发生突发状况。在水边
tōng cháng dōu shuǐ wèi bù wěn　hěn róng yì fā shēng tū fā zhuàng kuàng　zài shuǐ biān

扎帐篷也很危险。
zhā zhàng peng yě hěn wēi xiǎn

精彩纷呈的新年晚会

火灾的安全与防范

终于迎来了新的一年。

在妈妈的鼓励下，瑶瑶邀请了很多好朋友，要在家里举办一场别开生面的新年晚会。

爸爸妈妈为瑶瑶买了好多气球以及好玩的玩具。

还准备了彩炮和喷雾器。

"新年快乐！"瑶瑶和前来她家中玩耍的小伙伴们一起欢呼雀跃。

瑶瑶和小伙伴们都开心极了。

53

54

wán le yí huì er   rán hòu kāi shǐ fēn wán jù

玩了一会儿，然后开始分玩具。

yáo yáo bǎ wǎn huì yòng pǐn fēn gěi huǒ bàn men   cǎi pào fēn gěi qí qi

瑶瑶把晚会用品分给伙伴们。彩炮分给琪琪，

pēn wù qì fēn gěi xiǎo jiā   bú guò dà jiā dōu shí fēn xiàn mù ná zhe cǎi pào de

喷雾器分给小佳。不过大家都十分羡慕拿着彩炮的

qí qi

琪琪。

zěn yàng cái néng bǎ cǎi pào diǎn de jīng cǎi hǎo kàn ne   wǒ xiǎng qǐ lái

"怎样才能把彩炮点得精彩好看呢？我想起来

le   duì zhe jīn tiān de zhǔ jué yáo yao diǎn   yí dìng huì ràng yáo yao xiǎn de shí fēn

了，对着今天的主角瑶瑶点，一定会让瑶瑶显得十分

yáng qì   qí qi xīn xiǎng

洋气。"琪琪心想。

rán hòu   qí qi shǒu wò cǎi pào xiàng yáo yao zǒu qù

然后，琪琪手握彩炮向瑶瑶走去。

提出问题

故事进展到这里，可以先停下来，问问孩子：彩炮的正确燃放方式
是什么？应该冲着什么方向点？

孩子回答过后，先不要急着说答案，而是继续讲故事，让孩子独立
思考。

妈妈帮着瑶瑶把新牛蜡烛上的蜡烛点燃了，瑶瑶鼓起嘴巴，刚要吹蜡烛。

这时，只听见"砰——"的一声。

随着一声巨响，琪琪冲着蜡烛点燃了手中的彩炮。

幸好此刻瑶瑶正弯着腰吹蜡烛，躲过了彩炮，彩炮里的彩芯朝着窗户飞去。

可是琪琪手中的彩炮皮却着火了，大家都不知该怎么办。

幸好瑶瑶的妈妈眼疾手快，将琪琪手中的火迅速扑灭，这才躲过一场灾难。

讨论故事，获取知识，实际演示

♔ 和孩子一起演示，遇到火灾时该怎么办？这时，可以假设一个场景，教孩子在遇到这种状况时该怎么拨打119求救。这时候家长可以扮演消防员的角色，配合孩子。而且，一定要教孩子打电话时注意带紧张和害怕的情绪。

♔ 在家里或者楼道里容易起火的地方放置灭火器，并告诉孩子灭火器的正确使用方法。

遇到火灾，要保持冷静

火灾燃放的物品所释放出来的烟雾，通常都含有化学有毒物质，对身体有害。所以看到着火，要大声呼救，或者把物品从窗户扔下去，让别人知道还有人在屋里。如果外面浓烟滚滚，不要随便打开房门。要不，在别人赶来救你之前，你很有可能就已被浓烟熏晕。

远离火具，不要玩火

huǒ jù bāo kuò dǎ huǒ jī　huǒ chái　là zhú děng yǒu guān huǒ de wù pǐn

火具包括打火机、火柴、蜡烛等有关火的物品。

yuǎn lí huǒ jù　　kě yǐ cóng běn yuán shang xiāo chú huǒ zāi yǐn huàn　xiǎo hái zi yào dǎ

远离火具，可以从本源上消除火灾隐患。小孩子要打

xiǎo péi yǎng zhè ge yì shí　fǒu zé　wán huǒ guò dù shāng jí de zhǐ néng shì zì jǐ

小培养这个意识。否则，玩火过度伤及的只能是自己。

烟花爆竹要在特定的场所燃放

yān huā bào zhú yào zài tè dìng de chǎng suǒ rán fàng

烟花、爆竹要在固定的场所燃放，因为这些都是易燃易爆产品。不能在加油站、木材厂以及纸张多的地方放，更不能对着牲畜和人的身体燃放，否则很危险。

dà máo　　　bié dǎo dàn

大毛，别捣蛋

shāng chǎng chāo shì　ān quán shǒu zé

商场超市安全守则

yǒu yì tiān　　dǎo dàn jīng líng dà máo gēn zhe bà ba qù shāng chǎng gòu wù
有一天，捣蛋精灵大毛跟着爸爸去商 场购物。

dà máo zuì tǎo yàn qù chāo shì mǎi dōng xi le　　yīn wèi tā bù xiǎng zǒu lù
大毛最讨厌去超市买东西了，因为他不想走路。

zài shuō shāng chǎng li yě bù néng qí zì xíng chē　chuān hàn bīng xié　dà máo jué
再说商 场里也不能骑自行车、穿旱冰鞋，大毛觉

de zài lǐ miàn méi yǒu yì diǎn yì si
得在里面没有一点意思。

dà máo　　bà ba qù xià xǐ shǒu jiān　　nǐ zài zhè lǐ děng wǒ　　jì zhe
"大毛，爸爸去下洗手间，你在这里等我，记着

nǎ lǐ yě bié qù
哪里也别去！"

hǎo de　　bà ba
"好的，爸爸！"

kě shì　　bà ba gāng zǒu jìn xǐ shǒu jiān　dà máo jiù pǎo dào wán jù qū wán
可是，爸爸刚走进洗手间，大毛就跑到玩具区玩

qù le
去了。

63

dà máo zài wán jù qū xián guàng le yí huì er   kě shì hěn kuài   biàn duì huò
大毛在玩具区闲逛了一会儿。可是很快，便对货

jià shàng de wán jù méi yǒu xīn xiān gǎn le
架上的玩具没有新鲜感了。

ài   zhēn méi yǒu yì si
"唉，真没有意思。"

jiù zài zhè shí   yí liàng chāo shì de gòu wù chē tū rán chū xiàn zài dà máo
就在这时，一辆超市的购物车突然出现在大毛

miàn qián
面前。

hā hā   zhè ge wán qǐ lái kěn dìng huì hěn yǒu yì si   dà máo
"哈哈，这个玩起来肯定会很有意思！"大毛

xīn xiǎng
心想。

dà máo wéi zhe gòu wù chē zhuàn le yì quān   rán hòu měng de yì jiǎo cháo zhe gòu
大毛围着购物车转了一圈，然后猛地一脚朝着购

wù chē dēng le shàng qù
物车蹬了上去……

hā hā   chē pǎo le   dà máo zài gòu wù chē hòu miàn zhuī   xiào de hěn
"哈哈，车跑了！"大毛在购物车后面追，笑得很

gāo xìng
高兴。

提出问题

读到这里，可以停下来，问问孩子：逛超市时，爸爸妈妈不在
身边的时候，应该怎么做？孩子回答后，可以不急着告诉他答案，
而是继续讲故事，让他自己思考。

hā hā
"哈哈！" 大毛站在购物车上，购物车开始在地
dà máo zhàn zài gòu wù chē shang gòu wù chē kāi shǐ zài dì

miàn shang huá dòng qǐ lái
面上滑动起来。

āi yā
"哎呀！" 大毛和购物车突然朝着一个收银柜台
dà máo hé gòu wù chē tū rán cháo zhe yí gè shōu yín guì tái

chōng qù yóu yú huá xíng sù dù tài kuài dà máo yǐ jīng wú fǎ bǎ gòu wù chē tíng
冲去。由于滑行速度太快，大毛已经无法把购物车停

xià lái
下来。

jiù zài zhè shí xìng kuī shāng chǎng de bǎo ān shū shu yǎn jí shǒu kuài yì bǎ
就在这时，幸亏商场的保安叔叔眼疾手快，一把

zhuā zhù dà máo de gòu wù chē bǎ shǒu cái zhì zhǐ le zhè zhuāng bēi jù de fā shēng
抓住大毛的购物车把手，才制止了这桩悲剧的发生。

dà máo xià huài le yě wèi gāng cái zì jǐ de lǔ mǎng xíng wéi xiū kuì
大毛吓坏了，也为刚才自己的鲁莽行为羞愧

bù yǐ
不已。

讨论故事，获取知识，实际演示

♛ 用玩具车练习。
　　——把玩具车用力推翻，让孩子看看玩具车翻倒的样子。
　　——告诉孩子，商场的购物车翻倒会很危险，并告诉他危险性。
　　——告诉孩子，从购物车上摔下来也很危险，会受伤，严重的很有可能会住院，让他好几个月
　　　都不能跟伙伴们玩了。

gāo chù de dōng xi hěn wēi xiǎn
高处的东西很危险

gāo chù de dōng xi yóu yú kàn bú dào　　suǒ yǐ bú yào qīng yì luàn pèng　　fǒu
高处的东西由于看不到，所以不要轻易乱碰，否

zé yí dàn diào xià lái　　huì jiāng zì jǐ yǐ jí zì jǐ zhōu wéi de rén zá shāng　　hái
则一旦掉下来，会将自己以及自己周围的人砸伤，还

yǒu kě néng huì zá huài qí tā wù pǐn
有可能会砸坏其他物品。

guò xuán zhuàn mén yào bǎo chí zhì xù
过 旋 转 门 要 保 持 秩 序

xuán zhuàn mén shì yí shàn shí kè zài zhuàn dòng de mén guò xuán zhuàn mén jì
旋 转 门 是 一 扇 时 刻 在 转 动 的 门 , 过 旋 转 门 , 记

zhù yào bǎo chí zhì xù bú yào gēn rén zhēng qiǎng yīn wèi yí shàn mén lǐ miàn zuì hǎo
住 要 保 持 秩 序 , 不 要 跟 人 争 抢 。 因 为 一 扇 门 里 面 最 好

zhǐ zhàn yí gè rén fǒu zé hěn yǒu kě néng huì bèi mén kuàng jiā zháo zhè shì hěn
只 站 一 个 人 , 否 则 , 很 有 可 能 会 被 门 框 夹 着 。 这 是 很

wēi xiǎn de
危 险 的 。

不要在人多的地方 穿滑轮鞋

在人流拥挤的地方穿滑轮鞋，由于空间狭小，不方便控制，很容易失去重心撞到别人，非常危险。如果一定要穿，就拉着爸爸妈妈的手，去人少的地方玩。

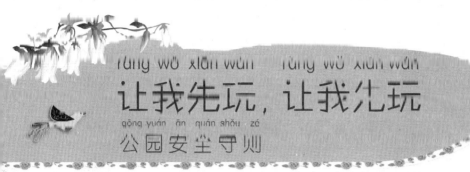

让我先玩，让我先玩

公园安全守则

莎莎和弟弟皮皮经常会因为荡秋千这件小事而争吵不已。

尽管莎莎平日里会让着弟弟皮皮，可是在公园，却一步都不肯让。

"今天是我先抢到的，我必须要先玩。"莎莎对弟弟皮皮说。

弟弟噘着小嘴，不高兴地说："不，要我先玩嘛，姐姐你去玩单杠和自行车啦！"

"不，我不！"莎莎也有点不高兴了。

ní zěn me bú qù wán bié de　　　shì wǒ xiān lái de　　jīn tiān wǒ yí dìng
"你怎么不去玩别的？是我先来的，今天我一定

yào zài wán　　　　shā sha shuō zhe biàn pá shàng le qiū qiān
要在玩。"莎莎说着便爬上了秋千。

pí pi de shǒu yì zhí jǐn jǐn zhuā zhe qiū qiān de shéng zi bú yuàn fàng kāi
皮皮的手一直紧紧抓着秋千的绳子不愿放开。

zhí dào shā sha yòng lì dàng qǐ lái　　pí pi cái bèi pò sōng shǒu
直到莎莎用力荡起来，皮皮才被迫松手。

zěn me yàng cái néng ràng jiě jie cóng qiū qiān shang xià lái ne　　　pí pi dǎ
"怎么样才能让姐姐从秋千上下来呢？"皮皮打

qǐ le wāi zhǔ yi
起了歪主意。

提出问题

　　读到这里的时候，不妨先停停，问问孩子：若是两个人同时争抢一个秋千，该怎么办？若是别人已经坐在秋千上了，又该怎么办？孩子回答后，先不要急着说出答案，而是继续讲故事，让孩子自己来思考。

pí pi qiāo qiāo de kào jìn qiū qiān，cóng jiě jie shēn hòu yī xià zi jiù zhuā zhù

皮皮悄悄地靠近秋千，从姐姐身后一下子就抓住

le qiū qiān de shéng zi

了秋千的绳子。

guāng dāng　　shā sha shī qù zhòng xīn　cóng qiū qiān shang hěn hěn de shuāi

"咣 当——"莎莎失去重心，从秋千上狠狠地摔

le xià lái

了下来。

pí pi běn xiǎng xià xia jiě jie　ràng qiū qiān tíng xià lái　méi xiǎng dào jiě jie

皮皮本想吓吓姐姐，让秋千停下来，没想到姐姐

huì shuāi xià lái

会摔下来。

pí pi gǎn dào fēi cháng bù ān hé hài pà　bìng wèi zì jǐ de xíng wéi gǎn dào

皮皮感到非常不安和害怕，并为自己的行为感到

shí fēn bào qiàn

十分抱歉。

tā gǎn jǐn fú qǐ jiě jie　wèn tā yǒu méi yǒu shì

他赶紧扶起姐姐，问她有没有事。

讨论故事，获取知识，实际演示

- 要讲究先来后到，不要跟人争抢秋千。
- 如果有人已经在荡秋千了，注意要与秋千保持一定距离，在旁边静心等候。
- 等秋千停稳，秋千上的人下来后，再走过去玩。
- 经过秋千前面或者后面的时候，注意要离得远一些，小心被荡起的秋千撞到，造成不必要的伤害。

尽量不要从还没停稳的秋千上跳下来

cóng hái wèi tíng wěn de qiū qiān shang tiào xià lái　　shì yí jiàn hěn wēi xiǎn de

从还未停稳的秋千上跳下来，是一件很危险的

shì qing　　yīn wèi guàn xìng　　kě néng huì bǎ rén shuǎi chū qù　　dǎo zhì wǎi jiǎo huò

事情。因为惯性，可能会把人甩出去，导致崴脚或

zhě shuāi shāng

者摔伤。

huàng dòng qiū qiān shí bù néng sù dù guò kuài
晃 动秋千时不能速度过快

gēn péng you yì qǐ dàng qiū qiān shí　　jì de bú yào bǎ qiū qiān de sù dù
跟朋友一起荡秋千时，记得不要把秋千的速度

huàng de guò kuài　　yǐ miǎn qiū qiān bù néng jí shí tíng xià　　huò zhě bǎ rén shuǎi chū
晃 得过快，以免秋千不能及时停下，或者把人甩出

qù　　zào chéng yì xiē bú bì yào de shāng hài
去，造成一些不必要的伤害。

rén xíng dào shàng　　yí dìng yào kào yòu zǒu
人行道上，一定要靠右走

yóu lè chǎng suǒ yì bān bǐ jiào yōng jǐ　　rén yuán zhòng duō　　zài qù zì jǐ
游乐场所一般比较拥挤，人员众多。在去自己

xīn zhōng de jǐng diǎn wán shuǎ de tú zhōng　　yí dìng yào kào yòu xíng　　yǐ miǎn zào chéng jiāo
心中的景点玩耍的途中，一定要靠右行，以免造成交

tōng hùn luàn　　gěi yóu lè chǎng de guǎn lǐ gōng zuò dài lái má fan
通混乱，给游乐场的管理工作带来麻烦。

wán dān shuāng gàng yào xiǎo xīn tàng shāng
玩单双杠要小心烫伤

xià rì yáng guāng qiáng liè　dān shuāng gàng yì bān huì bèi tài yáng shài de hěn

夏日阳光强烈，单双杠一般会被太阳晒得很

tàng　zhè ge shí hou bú yào zhí jiē qù zhuā　zuì hǎo xiān yòng shì tàn de fāng shì kuài

烫。这个时候不要直接去抓，最好先用试探的方式快

sù chù mō xià dān shuāng gàng de wēn dù　zuò chū xiāng yìng de pàn duàn　rú guǒ zhí

速触摸下单双杠的温度，做出相应的判断。如果直

jiē jiù qù zhuā　hěn kě néng huì bèi qí biǎo miàn gāo wēn tàng shāng

接就去抓，很可能会被其表面高温烫伤。

fù lù
附录

yì qǐ chàng ér gē
一起唱儿歌

guò mǎ lù
◆ 过马路

guò mǎ lù　　màn màn zǒu　　bù bēn pǎo　　bù dī tóu
过马路，慢慢走，不奔跑，不低头；

kàn lù dēng　　gù liǎng páng　　suí xíng rén　　bú luàn chuǎng
看路灯，顾两旁，随行人，不乱闯。

chūn yóu
◆ 春游

lǎo shī tóng xué qù chūn yóu　　mǎ lù zhōng jiān bù dòu liú
老师同学去春游，马路中间不逗留；

kàn jiàn kūn chóng yào duǒ kāi　　bù huāng zhāng lái bù shēn shǒu
看见昆虫要躲开，不慌张来不伸手。

◆ 公园里
gōng yuán li

gōng yuán hǎo　dōng xi duō　bú yào gēn rén qù zhēng qiǎng
公园好，东西多，不要跟人去争抢；

wán qiū qiān　wán dān gàng　yí dìng yào àn zhì xù shàng
玩秋千，玩单杠，一定要按秩序上。

◆ 学校
xué xiào

lóu dào bú yào dà shēng hǎn　zǒu lù qīng qīng kào yòu xíng
楼道不要大声喊，走路轻轻靠右行；

shàng xià lóu tī bú yào jǐ　àn shí zuò cāo yǎng shēn tǐ
上下楼梯不要挤，按时做操养身体。

野外安全守则
yě wài ān quán shǒu zé

- 尽量不要单独成行。
jǐn liàng bú yào dān dú chéng xíng

- 出发前，检查自己的东西是否配备齐全。
chū fā qián jiǎn chá zì jǐ de dōng xi shì fǒu pèi bèi qí quán

- 不要在天气过热的时候外出游玩。如一定要出
bú yào zài tiān qì guò rè de shí hou wài chū yóu wán rú yí dìng yào chū
去，最好戴一顶遮阳帽，以免中暑。
qù zuì hǎo dài yì dǐng zhē yáng mào yǐ miǎn zhòng shǔ

- 听从父母或者老师的话，不要擅自脱离集体。
tīng cóng fù mǔ huò zhě lǎo shī de huà bú yào shàn zì tuō lí jí tǐ

- 途中不要跟同学、朋友随意打闹。
tú zhōng bú yào gēn tóng xué péng you suí yì dǎ nào

- 按时吃饭喝水，以补充体内能量。
àn shí chī fàn hē shuǐ yǐ bǔ chōng tǐ nèi néng liàng

电梯安全守则
diàn tī ān quán shǒu zé

◆ 直梯
zhí tī

- 等待电梯时，要按秩序，不要插队。
děng dài diàn tī shí yào àn zhì xù bú yào chā duì

- 不随便乱按电梯按钮。
bù suí biàn luàn àn diàn tī àn niǔ

- 不要在电梯中喧哗。
bú yào zài diàn tī zhōng xuān huá

若是电梯遇到故障，不要慌张，按下紧急按钮或求救者等待帮助。

电梯门打开的时候，不要急着出去，要等待电梯门完全打开，再出去。

电梯门关闭的时候，不要将手、衣物等放在电梯门中间，以防不测发生。

◆ 扶梯

乘坐扶梯时，抓好扶手。

不要在扶梯上来回走动、奔跑或者欢呼雀跃。

乘坐扶梯靠右侧站立。

站在扶梯两侧的黄色安全线内，以防发生意外。

乘坐扶梯时，小心自己的衣服被扶梯夹住。

游乐设施安全守则
yóu lè shè shī ān quán shǒu zé

滑梯
huá tī

* 上滑梯时要扶好扶手。
shàng huá tī shí yào fú hǎo fú shǒu

* 下滑梯时，注意等到前面的人已经滑到底时，再往下滑。
xià huá tī shí zhù yì děng dào qián miàn de rén yǐ jīng huá dào dǐ shí zài wǎng xià huá

* 不要趴着或者站着滑滑梯，要坐着。
bú yào pā zhe huò zhě zhàn zhe huá huá tī yào zuò zhe

* 滑到滑梯低端时，要尽快起身离开，不要被后面的滑行者撞到。
huá dào huá tī dǐ duān shí yào jǐn kuài qǐ shēn lí kāi bú yào bèi hòu miàn de huá xíng zhě zhuàng dào

* 尽量不要携带物品滑滑梯。
jǐn liàng bú yào xié dài wù pǐn huá huá tī

秋千
qiū qiān

* 如果秋千上有人在玩，请耐心排队等候，而且不要离秋千太近，以免被伤到。
rú guǒ qiū qiān shang yǒu rén zài wán qǐng nài xīn pái duì děng hòu ér qiě bú yào lí qiū qiān tài jìn yǐ miǎn bèi shāng dào

* 等秋千停稳再上。
děng qiū qiān tíng wěn zài shàng

* 如果秋千上有人在玩，千万不要在秋千前面或者后面走动。
rú guǒ qiū qiān shang yǒu rén zài wán qiān wàn bú yào zài qiū qiān qián miàn huò zhě hòu miàn zǒu dòng

* 荡秋千时手要抓稳，秋千晃动过程中，不要从上面跳下去。
dàng qiū qiān shí shǒu yào zhuā wěn qiū qiān huàng dòng guò chéng zhōng bú yào cóng shàng miàn tiào xià qù

* 荡秋千时，尽量要爸爸妈妈陪同。
dàng qiū qiān shí jǐn liàng yào bà ba mā ma péi tóng

* 保持秋千的清洁，不要把脚和脏物放在秋千的座椅上。
bǎo chí qiū qiān de qīng jié bú yào bǎ jiǎo hé zāng wù fàng zài qiū qiān de zuò yǐ shang

gé zǐ pá tī
格子爬梯

- pá pá tī de shí hou shǒu yào zhuā láo
  ★ 爬爬梯的时候手要抓牢。
- tiān qì bù hǎo zhū rú xià yǔ tiān yáng guāng qiáng liè de shí hou jǐn liàng bú yào wán pá tī
  ★ 天气不好（诸如下雨天、阳光 强烈）的时候，尽量不要玩爬梯。
- xià lái de shí hou màn màn xià jǐn liàng bú yào zhí jiē wǎng xià tiào
  ⅄ 下来的时候慢慢下，尽量不要直接往下跳。
- bú yào zài pá tī shang zhuī zhú dǎ nào
  ★ 不要在爬梯上 追逐打闹。
- bú yào tǎng zài pá tī shang
  ★ 不要躺在爬梯上。
- bú yào dào guà zài pá tī shang
  ★ 不要倒挂在爬梯上。

xuánzhuǎn de yóu xì shè shī
旋 转的游戏设施

- bú yào cóng xuán zhuǎn de yóu xì shè shī shang zhí jiē wǎng xià tiào
  ★ 不要从 旋 转的游戏设施上直接往下跳。
- wán xuán zhuǎn de yóu xì jǐn liàng bǎo chí zhuǎn sù jūn héng qiě bú yào guò kuài
  ★ 玩旋 转的游戏尽量保持转速均衡且不要过快。
- xuánzhuǎn yóu xì shè shī zài zhuàn dòng guò chéng zhōng bú yào yòng shǒu chù mō
  ★ 旋转游戏设施在转动过程中，不要用手触摸。
- bú yào zuān dào xuán zhuǎn de yóu xì shè shī xià miàn qù
  ★ 不要钻到旋 转的游戏设施下面去。
- bú yào zhàn zhe wán xuán zhuàn yóu xì
  ★ 不要站着玩旋 转游戏。

yáo huàng de yóu xì shè shī
摇 晃 的游戏设施

- děng yáo huàng de yóu xì shè shī tíng wěn zài shàng qù wán
  ★ 等摇晃的游戏设施停稳，再上去玩。
- zài wán de guò chéng zhōng yào bǎo chí yí dìng sù dù bú yào guò kuài
  ★ 在玩的过程 中 要保持一定速度，不要过快。
- bié rén wán shuǎ shí bú yào kào de tài jìn
  ★ 别人玩耍时，不要靠得太近。

shuǐ zhōng ān quán shǒu zé
水中安全守则

shì nèi yóu yǒng chí
室内游泳池

▲ shì nèi yóu yǒng　　bú yào xuān huá
室内游泳，不要喧哗。

▲ jǐn liàng zài fù mǔ hé jiù shēng yuán shū shu kàn de jiàn de dì fang xià shuǐ
尽量在父母和救生员叔叔看得见的地方下水。

▲ shuǐ xìng bù hǎo　　jǐn liàng dài jiù shēng quān xià shuǐ wán shuǎ
水性不好，尽量戴救生圈下水玩耍。

▲ bú yào zài shuǐ zhōng dāi tài cháng shí jiān　　yǐ bǎo chí tǐ lì
不要在水中待太长时间，以保持体力。

▲ jiǎng jiu shì nèi wèi shēng　　bù suí dì tǔ tán　　bù suí biàn wǎng yǒng chí li dà xiǎo biàn
讲究室内卫生，不随地吐痰，不随便往泳池里大小便。

▲ rù shuǐ qián xiān dǎ shī shēn tǐ
入水前先打湿身体。

shā tān yù chǎng
沙滩浴场

▲ yīn wèi shā tān shang yǒu shí tou jí qí tā jiān yìng de wù pǐn　　suǒ yǐ zài shā tān xíng zǒu　　jǐn liàng chuān xié zi
因为沙滩上有石头及其他坚硬的物品，所以在沙滩行走，尽量穿鞋子。

▲ bú yào suí yì wǎng hǎi shuǐ li rēng shí tou huò zhě lā jī
不要随意往海水里扔石头或者垃圾。

▲ bú yào cháng shí jiān yú tài yáng xià bào shài　　yǐ miǎn bèi tài yáng zhuó shāng
不要长时间于太阳下暴晒，以免被太阳灼伤。

▲ xià hǎi qián zuò hǎo zhǔn bèi yùn dòng
下海前做好准备运动。

88

jǐn liàng bú yào dú zì xià shuǐ

▲ 尽量不要独自下水。

xià shuǐ hòu   bǎo chí yǔ fù mǔ huò zhě jiù shēng yuán shū shu de jù lí   bú yào yóu de tài yuǎn

▲ 下水后，保持与父母或者救生员叔叔的距离，不要游得太远。

xiǎo xī yǔ hé shuǐ

小溪与河水

bú yào zài tuān jí de hé shuǐ li yóu yǒng

▲ 不要在湍急的河水里游泳。

bú yào wǎng xiǎo xī huò zhě hé shuǐ li rēng lā jī

▲ 不要往小溪或者河水里扔垃圾。

bú yào suí biàn yǐn xiǎo xī huò zhě hé li de shuǐ

▲ 不要随便饮小溪或者河里的水。

rú guǒ zài xī shuǐ huò zhě hé shuǐ li yóu yǒng   gǎn dào shuǐ wēn guò dī   gǎn jǐn chū shuǐ   dào àn biān xiū xi

▲ 如果在溪水或者河水里游泳，感到水温过低，赶紧出水，到岸边休息。

xià shuǐ qián xiān guān chá shuǐ li shì fǒu yǒu zá wù

▲ 下水前先观察水里是否有杂物。

bù yí zài lí shuǐ jiào jìn de dì fang dā jiàn zhàng peng

▲ 不宜在离水较近的地方搭建帐篷。

日常 生活安全守则

家里

- 电器不用时，尽量 断开电源。

- 不要用带水的手去触摸电源开关。

- 外出记着把门 窗 关好。

- 不要把打火机、棉花、窗帘、鞭炮等易燃易爆物品，放在靠近煤气灶的地方。

- 不要让电线裸露在外。

- 在家最好不要乱玩火柴、蜡烛等与火有关的东西。

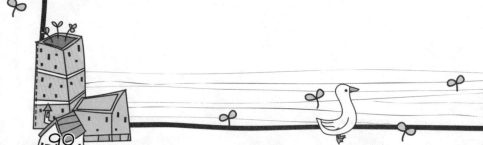

学校

- 不要在过道里打闹、追逐、嬉戏。

- 下楼梯靠右侧行走，不要滑扶手。

- 上课遵守纪律，不随便跟人开玩笑，更不能 从背后拉扯别人的头发和衣服。

- 吃饭排队，不拥挤。

- 遇到火灾，不紧张，及时拨打119，或者告诉学校老师或者保安叔叔。

- 不要把铅笔放在嘴里，更不能拿铅笔去划别的同学的脸。

- 不爬高。

- 用完的东西，及时放回原处。

gōng gòng chǎng suǒ
公共场所

guò mǎ lù kào yòu xíng　　zhù yì hóng lǜ dēng
- 过马路靠右行，注意红绿灯。

shàng chē zhù yì zhì xù　　yǒu lǐ mào　　bù chā duì
- 上车注意秩序，有礼貌，不插队。

gēn bà ba mā ma guàng jiē huò zhě chū qù yóu wán　　shí kè gēn zhe tā men　　bú yào chàn zì tōu pǎo dào bié de dì
- 跟爸爸妈妈逛街或者出去游玩，时刻跟着他们，不要擅自偷跑到别的地

  方玩。

bú yào suí dì tǔ tán　　dà xiǎo biàn
- 不要随地吐痰、大小便。

bú yào luàn tī dì shang de shí zǐ　　fèi qì píng zi děng
- 不要乱踢地上的石子、废弃瓶子等。